每只猫，都应该有一只爱TA的老鼠

猫爱玩的
40+N个小游戏

[美] 尼基·穆斯塔基 著 刘子正 译

U0351356

中国画报出版社·北京

图书在版编目（CIP）数据

猫爱玩的 40+N 个小游戏 / (美) 尼基·穆斯塔基著；
刘子正译 . -- 北京：中国画报出版社，2018.10

ISBN 978-7-5146-1644-6

Ⅰ . ①猫 Ⅱ . ①尼 ②刘 Ⅲ . ①猫—驯养

Ⅳ . ① S829.3

中国版本图书馆 CIP 数据核字 (2018) 第 168631 号

著作权合同登记号：图字 01-2018-0086

猫爱玩的 40+N 个小游戏
[美] 尼基·穆斯塔基 著　刘子正 译

出 版 人：于九涛
策划编辑：朱露茜
责任编辑：李 媛
版式设计：艾 青
责任印制：焦 洋

出版发行：中国画报出版社
地　　址：中国北京市海淀区车公庄西路 33 号 邮编：100048
发 行 部：010-68469781　010-68414683（传真）
总编室兼传真：010-88417359 版权部：010-88417359
开　本：32 开（880mmx1230mm）
印　张：3
字　数：56 千字
版　次：2018 年 10 月第 1 版 2018 年 10 月第 1 次印刷
印　刷：北京隆晖伟业彩色印刷有限公司
书　号：ISBN 978-7-5146-1644-6
定　价：39.80 元

目录

格斯被困在动物园内，出于无奈，只得四处乱窜。此时，园方被告知，他这是闲出毛病来了。和格斯一样，关在家里的喵星人同样会坐立不安，他们也需要充实的生活来保证身心健康。

为喵星人生活添彩

　　猫奴们逛起动物园来，毫无疑问会去小树林那里"瞻仰"一番雄狮猛虎。看着如此巨型的猫科动物舔舐打扮，把玩树枝，撕扭打闹，一举一动都与家中的猫咪如出一辙，的确令人兴奋。然而，许多人却没有想到，其实从北极熊身上，猫奴们能了解到喵星人更多的小心思哦。

20 世纪 90 年代中期，美国纽约中央公园动物园的管理员发现，园中一头重约 700 磅（1 磅约为 0.45 千克）的雄性北极熊格斯总是满面愁容：他每天都会在小池子里游来游去，一游就是好几个钟头。显然，他心理上定是出了什么问题，才会如此心烦意乱。因此，动物园聘请了一位动物行为学家来给他看病。那么行为学家给出的诊断是什么呢？答案就是：数年来的园内生活使他变得十分焦躁。全情投入游泳之中极有可能是无奈之举，因为只有这样他才能摆脱生活的枯燥。毕竟他骨子里是个捕食者，向往自由也是天性使然。

动物行为学家建议园方带着格斯多做些活动丰富其生活，而创造一个好的环境能激发他的天性，让他不再愁眉不展。听了行为学家的建议，园方立刻为格斯安装了涡流泳池；把食物藏在他周围，并裹得紧紧的，让他自己去寻找并想办法拆开，连鱼也是冻在冰块里等他破开才能吃到；还提供玩具与他互动玩耍。格斯对周遭这些玩法感到新奇不已，他同自然中生活的北极熊一样，寻觅吃食，自得其乐。自此，他不再像之前那样漫无目的地游来游去了。以上种种其实就是丰富生活的内容，简言之，适合的环境才会带来开朗的心情。

满足喵星人的方式各式各样：玩玩具啊、做游戏啊、大冒险啊，等等，这些都能激发他们的天性，让他们乐此不疲。多做些此类活动，猫咪的许多行为问题自然就迎刃而解了。否则，生活的乏味不仅会让北极熊格斯坐立不安，同样也会让猫咪萎靡不振，甚至恣意捣乱。

丰富的生活能减轻甚至根除喵星人身上的种

种小毛病，当然了，也包括爱搞破坏和胡吃海塞。本书列举了一系列简单易行的办法，翻开书，用这些方法满足喵星人的小心思吧，让他们健康开朗，无忧成长！

（注意：喵星人在玩儿悬在他头上的玩具时，可能会撕咬、吞咽。为防止他窒息或患上肠梗阻，主人可千万要看住他呀。）

喵星人的日常娱乐

　　为求安逸保障，喵星人需要规律的生活，因此，探明自我需求对他们而言乃天性使然。有人对野猫，即群居猫咪（这类猫咪不同于流浪猫，流浪猫往往不能和小奶猫或其他宠物一样与其同类打成一片）进行过研究。结果表明，猫咪时而独处，称霸一方领地；时而群居，临近食物而栖，为了生存选择与同类共处。渐渐地，这些小家伙深谙自我需求，掌握了生存技巧，随便一只猫咪都可能是个狠角色。和强大的猫咪王国相比，小野狗们要想建立同样蓬勃的群体，那可真是难上加难了。

虽说小野猫和宠物猫都是猫咪，但是他们之间的差别还是很大的：小野猫能自力更生，而宠物猫却不能。无需捕猎，没有竞争，更不用为了生存辛苦奔波，宠物猫只会依赖主人，等主人发号施令，与其玩乐。然而，所有动物都有天性，猫咪也不例外：他们的天性会让他们明白自己的"兴趣"所在。

倘若喵星人的生活枯燥乏味，那么，天性要么会驱使他们破坏家具，要么会令其变得怨天怨地。如此一来，家里要是有一天被喵星人弄得满是抓痕，破破烂烂的，那可真是"时尚时尚最时尚"了。

说起喵星人的娱乐，总共可分为三类：自娱自乐、社会交往和新奇环境；要是能接触到所有的活动，那对他而言自然是最好不过的了。即使你的猫咪生活规律，在此基础上他也需要些变化，来保证他对一切都感到新奇。

自娱自乐：自娱自乐指的是让你的猫咪独自玩耍，自得其乐。搜寻或追捕这类游戏足以令大多数喵星人着魔。移动有声的玩具能吸引他们来回追逐，这绝对是他们的最爱。当然，食物同样对他们具有吸引力，所以，别再用小碗来喂他们啦，用分食器来投食会让他们更有乐趣哦。

总之，能吸引喵星人的事物多种多样，主人

要好好加以利用，为他们开发些新的娱乐活动。

社会交往：社会交往指的是喵星人的社交活动，包括与主人、其他人的接触，还有可能是与其他喵星人和汪星人的交际，当然，这取决于喵星人的交际范围。要进行此类活动，可以带喵星人们模拟真实捕猎，多与他人亲近，多与外界接触（在安全的前提下），多做技能训练。

新奇环境：更新喵星人的生活环境，让他有选择地去做自己喜欢的事，就连最懒惰的喵星人都会动起来的，这样就能轻而易举地满足他们的日常活动量，还会让喵星人时常感到新鲜，从而降低他们焦虑的概率。要创造丰富的生活环境，有以下几种做法：为他打造专属天地；带他欣赏逗趣事物（例如窗外飞翔的鸟儿）；也可以给他设置高地来观察世界。

探寻猫咪兴趣所在

你知道自家的喵星人是什么性子吗？是活泼喵、害羞喵、专横喵、阳光喵、领主喵还是黏人喵？还是说，你养了好多猫，他们的性格包罗上述各种？其实，只要熟悉他们的性格，发现他们钟爱的事物，你就能轻松自如地选择他们中意的方式与之同乐啦。接下来，本书就会列举喵星人常见的性格特征，同时提供一些玩具与活动供猫奴们参考，来看看最让这些小家伙着迷陶醉的是什么吧。

狮子如果沉浸在自己的丛林里，他会觉得什么
都可以去扑一下。所以，为了安全起见，只有在
安全封闭的情况下才能放他独自去室外玩耍。

狮子喵不单单把自己比作雄狮，更以此自居，成为纵横世界（家里）的王者，万物的主人。

专横喵：这类猫咪很特别，手腕强硬，能让身边其他宠物甚至是人类都归顺于其统治之下。他总能争得分食器里的吃食，也能站在高处，把房里的一切尽收眼底。因此，他才如此跋扈。

好奇喵：这类猫咪会把床边的鸟类喂食器列在他每天关注的清单里。激光、羽毛等能来回移动的玩具都会使他欲罢不能。但务必要保证他能在游戏中偶尔"获胜"啊，不然他可会耍性子的。装装样子主人还是可以做得到的吧。

"分享"喵：与其叫这类猫咪"分享"喵，不如直接这样解释：他的想法是"你的就是我的，我的还是我的，周遭的东西都是我的"。比如说，入睡前你的脑袋还未碰到枕头就发现他老早在那里趴着了。再比如，你想去坐一会儿自己觉得最舒服的椅子，一个不注意，猫咪已捷足先登了。罢了罢了，谁叫他那么讨人爱呢，只得由着他来了。"分享"喵是因为喜欢你的味道，想靠近你一点才会这样的。所以，留出些时间和他亲近亲近吧。

狮子喵：狮子喵不单单把自己比作雄狮，更以此自居，成为纵横世界（家里）的王者，万物的主人。给他一根树枝一样的地方，他就能在那

里看着下面发呆，思考自己接下来该去突袭哪一只羚羊了，路过的小狗或人也可能是他攻击的对象。（注意：任何猫咪，即使是"狮子喵"，在未封闭的环境中，或者未挡住外来捕食者的情况下，都不要让他独自在室外活动哦。）

黏人喵：这类猫咪，见到大腿就上，见到键盘就趴。总之，这是他最喜欢的事了。亲密的接触能使他感到满足，如拍一拍、抱一抱，或者给他的小窝添一些各种质地的物件，比如羊毛皮、棉绒玩具，等等，都能让他满足感爆棚。

活泼喵：这类猫咪很享受站在世界中心的感觉。有他的话，感恩节的餐桌上必然会出现两个东西，一个是火鸡，另一个就是他，他最喜欢成为各类活动中的焦点。主人可以试着对他进行些技巧训练，和他做做游戏。如果发现他比家里的汪星人更厉害，可千万不要惊讶哟。

幼稚喵：有没有发现，你的猫咪虽已成年，但似乎还像个小奶猫一样：还总是绕着你的脚踝转，怎么也撵不走；还和他想象中的蝴蝶斗智斗勇；还年年撕咬节日装饰。这类猫咪就是喜欢亮闪闪的物件和移动的玩具，看到窗外的鸟类喂食器都会为之发痴发狂，但可别真的放他出去和飞来飞去的鸟儿"玩耍"哦。

阳光喵：这类猫咪大半天的时间都在阳光底下打盹儿。阳光喵做起日光浴来，足可用"专业"来形容了，窗边或是阳光下精心放置的小床都是最讨他喜欢的地方。

害羞喵：听到或看到陌生的事物，不管有多

轻柔无害，害羞喵都会吓得"嗖"地一下蹿到床底下，任你用尽浑身解数要带他出来见见客人，答案只有两个字：没门。其实，要满足这类猫咪很容易：给他一片自己的小天地或是一个纸壳箱，让他自己在里面躲躲藏藏，这里会马上变成他最喜爱的藏身之处。

小聪明喵：这类猫咪很狡猾，懂得逃跑的艺术，甚至还能弄清楚怎么去储物室偷东西吃。可以肯定的是，他的小爪子要是有人类的手那么灵活，那整个天下都是他的了。和其他猫咪一起在书架上的时候，别的猫咪在睡觉，他就会在那里读《麦克白》[1]！恐怕只有益智玩具和电动玩具才

1《麦克白》（Macbeth）是英国剧作家威廉·莎士比亚创作的戏剧，创作于1606年。自19世纪起，同《哈姆雷特》《奥赛罗》《李尔王》一起被公认为是莎士比亚的"四大悲剧"。《麦克白》，讲述了利欲熏心的国王和王后对权力的贪婪，以及最后被推翻的过程。 ——译者注

能唬得住他了吧。

领主喵：这类猫咪对自己的需求了解得一清二楚：那就是，其他宠物不得进入我的领地！倘若你要在家里添一只小猫小狗，他就会炸毛。此刻只得给他足够的玩具，让他接触新奇的味道，好使他忙起来。

多面喵：这类猫咪的心思你别猜。今天还像个狗皮膏药一样黏着你，明天人家就对你视若无睹，后天他就能订一张最早的机票飞出城！如此阴晴不定叫人怎么哄他啊！只能什么都准备一些啦。其实他也不是那么难搞啦，虽说他永远是那么让人捉摸不透。

小馋喵：这类猫咪永远都在呐喊："吃的呢，吃的在哪儿？还有吃的吗？"要防止他长胖，就把食物当作他的玩物吧——可以把食物放在玩具里、高处，或者撒在地上，想要他保持完美身材就只能让他活动起来。

通过研究自家的猫咪，能知晓他的兴趣所在。如果找到满足猫咪的活动，那就要把它列为日常并持续下去。偷懒一次，猫咪都察觉得到的。正因如此，家里来人或有突发情况的时候，最好还是准备好各种游戏和玩具让他乐在其中吧。

新手猫奴小贴士

　　当然了，作为新手猫奴的你可能无从立即知晓猫咪的偏好。但别急着砸锅卖铁买进所有玩具，还是先选择几种常见的猫咪喜好的玩具来测测他的反应吧，如猫薄荷、分食器、羽毛这类玩具。如此，你便能了解他的偏爱与兴趣。若是过了一段时间猫咪仍然没有敞开心扉，展现真正的自己，那也别过于担心，因为所有的猫咪都需要些时间来适应周遭环境和新主人。你需要做的就是和这个家庭新成员多多亲近，不久，你就会找到使他兴奋的点了哦。

自娱自乐

　　要是不安装一个"窥猫镜头"，我想你可能永远都不会知道，当你不在家的时候，喵星人都在搞些什么事情。很大可能，他正窝在哪里睡回笼觉呢。但是，有些喵星人可是会陷入困顿的哦，尤其是在生活太过无趣的情况下。淘气的，或者直接说是无聊焦躁的喵星人，会在牛仔裤、沙发上用牙"创作"出新的花样；洗碗机不知被他施了什么魔法"张着嘴"，展示着猫咪的"丝丝秀发"；垃圾桶里的垃圾也搬了家，露在地面上等着给回家的主人一个大大的"惊喜"。

这类喵星人可以整日懒洋洋地自得其乐，尽管如此，在主人离家期间，他们依旧需要有效的方式来寻求欢乐趣哦。

想要喵星人在独处的时候免于焦虑，主人可要抓住他的天性了。让他投身于觅食的一系列活动中，对他来说绝对是最受用的，如捕猎、刨洞、撕咬，等等。喵星人个个都是天生的猎者，他们极其敏锐，抓起小鸟、小鼠之类的猎物来，可是不在话下的。家里喵星人的狩猎，和野猫追捕大型猎物相比，可谓别无二致。不论猎物是什么，喵星人可都是会严肃对待的哦。

喵星人同样愿意去扑各种各样的东西，包括球、有声玩具，还有猎物玩具。面对悬在头顶的物件，他们也会伸出小爪子够来够去。还有一点不要忘记，喵星人尤其贪图享乐，柔软的小床、舒适的高处，还有宠溺的猫抓板，都会让他们陶醉不已，欲仙欲死。

觅食

自己觅食是所有喵星人的天性，但往往家里的猫咪没有机会自力更生。每天养尊处优，饭来张口，他们会觉得："这是瞧不起谁呢，我可是个猎者哦。而且，真的好无聊啊！"喵星人本来就可以自己在垃圾堆里翻出瓶瓶罐罐，挖出"美味佳肴"，就算不太可口，也不至于饿肚子吧。所以，少投些食物，给他个机会自给自足，他的生活趣味也会大大提高哦。

捕猎至上

觅食是猫咪生活中的大事，小野猫每天花在觅食上的时间就有好几个小时，但家里的喵星人却只用几分钟就了事了。为何不"吃"得更有滋有味呢？以下就是几个办法，能让食物不仅仅满

试着把吃食撒在干净的地板上，就算是你的猫咪
平常只吃稀食，也可以这样做来调整一下他们的饮食，
同时还会让他们开心一下。

足喵星人空虚的胃，更能调剂他们的生活。

躲猫猫：每餐饭都把猫咪一餐的食物量分装在数个小容器中，然后把它们分布在房中的各个方位。开始这么做的时候，一定要让喵星人领会你的意思哦。这样一来，"吃"就带了些"执行任务"的意味。不仅少吃一点有益健康，而且活动起来更是有助于保持美好身材。喵星人一旦明白他需要自给自足了，那么主人每一天都可以把食物容器放置在不同地方，好好考一考他了。

"猫粮散"：停！别再把猫粮一股脑倒入食槽

了。试着把吃食撒在地板上（当然是在地板干净的情况下）。就算是你的猫咪平常只吃稀食，也可以这样做来调整一下他们的饮食，同时还会让他们开心一下。还有哦，记得少撒一些，不要让他摄入过多的热量，否则，再"身姿绰约"的猫咪，也抵不过这般养尊处优，等他变成小肥猫的时候，可不要怪我没有提醒你哦。

寻找零食：和喵星人的正餐一样，主人也可以把零食藏在房间各处，让他自己寻找。在你正要离家的时候，这个妙招屡试不爽，尤其是对极

饥肠辘辘的猫咪正狼吞虎咽地享用散落在干净木质地板上的零食。"猫粮散"让进食变得趣味盎然。

益智玩具能抓住喵星人的心。

其敏感、害怕孤独的猫咪来说，这能把他的注意力从主人身上转移开来；还能在主人离家期间，让喵星人忙碌起来。开始这样做的时候，记住把猫咪引到零食面前哦，好让他领会主人的用意。也要控制好量，以防他长胖。

爪刨嘴咬，以智吃饱

有些喵星人性子就不同了，他们不屑于狩猎，甚至觉得只有那些无聊的猫咪才会因捕猎而忙得不亦乐乎。针对这类喵星人，就别让他自己捕食啦。身为智慧的主人，我们当然不用愁找不到法子来让他们自食其力。把吃食装在玩具或者口袋中，让他们自己和这些东西斗智斗勇，甭管他用爪刨，还是用嘴咬，能享到美味的喵就是好喵。

觅吃食：说起来，最先还是汪星人享用分食器这种玩具的呢。但是现在，猫咪分食器也已经上架啦，在宠物店都能买到。分食器，球形、锥形、鱼形，形状各异；软橡胶、硬塑料，材质齐全。主人可以把喵星人的日常餐量分置在几个分食器中，让他自己在"爪刨嘴咬，以智吃饱"的同时，还乐在其中。对了，主人的手头最好多准备几个分食器，以防在换洗的时候不够用。

拆礼物：你的猫咪是否总是撕扯打闹，四处乱蹬呢？如果是的话，主人就可以迎合他的口味，把食物包成礼物送给他，拆礼物这项活动绝对会让他乐此不疲。包装的方法如下：用干净的（没有染色的）纸巾把食物或猫薄荷包好，然后用麻线系上。要是想召唤出喵星人内心更多的野性，主人可以在捆这包礼物时留出一段麻线，然后吊着这包好吃的在他眼前晃悠。此刻，喵星人会被激发出昂扬斗志，誓要夺得礼物不可。接下来，你就可以静静地观赏喵星人与礼物"斗智斗勇"了。拆开包装，吃到食物，啊，喵星人的内心肯定是说不出的满足。（注意：因为礼物上面有线头，在做这项游戏的时候，一定要确保猫咪有人陪同。）

拼智力：如今，市面上已经有许多益智型玩具，能让喵星人开动脑筋、觅得吃食。其中一些还能激发猫咪的捕猎天性。把食物或移动的物件放入其中，喵星人会使出浑身解数拆开玩具或是旋转、滑动它，直到得手。买一些这样的玩具吧，够你的猫咪偷乐好一阵儿了。

捕猎，说起来主要就是追踪和潜伏，这占用了猎食的大块时间，同时也需要足够的技能和智慧。在模拟捕猎的时候，切记不要忽略这些步骤啊。

一定要让喵星人锻炼一下自己的捕猎技能，不管给喵星人追捕的是什么：一串羽毛、一包猫薄荷或是一个绒球，这些都是可以的。激光玩具也是一个能让猫咪紧追不舍的不二选择哦。（详见44页）

追踪掠影

寻捕乐趣

一旦下定决心要为喵星人的生活添些乐趣，你的家里必定会堆满宠物用品，看起来好像是刚抢了宠物店一样。活跃的喵星人能同时宠幸至少十件玩具，当然还要保证有更多的玩具等着他"翻牌子"。轮换玩具供他享受也是十分重要的。（详见34页"避免空洞眼神"）。以下列举了几种玩具，

喵星人到了图中小奶猫的年纪，捕猎的天
性就开始藏不住了。这个时候，给他们些机会，
在家里或者安全的室外环境中显显身手吧。

这只猫咪追着羽毛装饰球来回拍打，玩得不亦乐乎。这种玩具兼具多种特质，能让喵星人深深着迷。

供主人参考：

　　球形玩具：球类对喵星人来说简直是最好的猎物，它们不停地滚动，变幻莫测。而且，猫咪专用的球形玩具往往还发出让喵星人抵抗不了的动人声音：有的里面包含了一些能模仿小鸟、小鼠声音的部件，有的就直接用电池驱动移动并发声。有了它们，喵星人追捕乱扑的本性自然就会被激发出来啦。

　　粗糙玩具：喵星人天生抵不住声音的诱惑，发出声响的玩具就能让他们饶有兴致地追来追去。这类玩具，有的还包含羽毛、麻线、薄荷或者其他吸引猫咪的材料。什么？你想少花点钱？那还不简单，把废纸团成一团，丢给你的猫咪吧。一分钱不用，猫咪也能兴致勃勃玩个不休。

　　悬挂玩具：只有把玩具挂在门把手上，你才能说自己是个称职的主人。悬挂玩具通常弹性十足，或者有移动的部件，能让喵星人好奇地伸出小爪去抓。不在门上给猫咪准备个玩具，主人还怎么好意思说"我爱我猫"呢？

　　羽毛玩具：看到这毛毛的东西，喵星人会想：

这是鸟还是飞机呢？哈哈，其实就是串羽毛啦。这东西真是让喵星人欲罢不能的宝物哦。但是可别让他真的迷上一只鸟。还想不费力气就淘到便宜货？好吧，去工艺品店，买个鸡毛掸子吧。一般人我不告诉他。

有声玩具：这类玩具，有的唱歌放音乐，有的模拟动物叫，有的还可以录音呢。这些声音都能抓住喵星人的注意力，甚至让他们不能自拔。哎呀！对啦！还有铃铛，也是神器啊。

猎物玩具：家里若是没有准备鼠形玩具，我只能说：主人，你考虑得也太不周全了吧。猎物玩具从简易的毛绒小鼠到复杂的电动老鼠，种类齐全，形状各异。其他能移动发声的玩具，还有像羽毛这样能让喵星人联想到猎物的物件，都归为此类。

卫生纸：对喵星人而言，把卫生纸弄得到处都是简直是一大乐事，但对主人来说，收拾残局可不那么有意思。为防止猫咪弄乱卫生纸，还是

终日面对一成不变的玩具，再专情的喵星人也会厌倦的。结果就是，喵星人最终会把它们弃之不顾。为了避免猫咪眼神变空洞，还是一次性给他几件玩具供他玩乐吧，剩下的都藏好，等过几天，就偷偷给他换上两三件"新欢"，让"旧爱"休息一阵来累积些新鲜感。

避免空洞眼神

时常替换喵星人的玩具，让它们保持新鲜感。别等到猫咪可怜巴巴地望着你，才追悔莫及哦。

在家里装上纸巾盒吧，不然，等发现卫生纸都被喵星人挥霍光了，那可就麻烦啦。

　　当然，你也可以找一些空心管来挑逗猫咪：在里面放一些大的弹珠或猫薄荷，然后封住两端。看，一个简单实惠的玩具就此诞生！

享乐主义

　　只要你目睹过喵星人伸着懒腰，蜷在角落，你就会知晓，这不安分的小猎人其实也是享乐主义者。所以，一定要给足他这方面的享受哦。

　　舒适小窝：喵星人很多时候都在打盹儿，所以肯定会特别喜欢待在自己的小窝里，当然要是这个小窝柔软舒适那就更完美了。喵星人常常把自己蜷成个小肉球，用厚厚的环形垫枕来做他们

的床简直再合适不过了。不会有哪一家的猫咪不钟爱软绵绵的羊毛毡的。

毛绒玩具：这类玩具通常都有塞进猫薄荷的地方。尽管许多人觉得它们并不是猫咪的理想玩物，但还是有人喜欢用的。

羊毛玩具：喵星人钟爱羊毛毡，可能是因为其散发的自然清香和亲肤质地吧。想得到类似的玩具有一个简单实惠的办法：用滚烫的水来洗羊毛毛衣，然后放入烘干机烘干，如此反复几次之后，把毛衣剪成小块，就能供猫咪玩乐了。你若是会缝缝补补那就更好了，把猫薄荷或小铃铛缝入做好的羊毛毡里，瞧，又一个玩具诞生了，让喵星人难以招架！

娱乐喵星人的一个重要前提就是：保证这小可爱的安全。做主人的可要细细了解自家的喵星人一番，倘若他乐于追逐打闹，那么市面上的大多数玩具对于他独自玩耍来说都足够安全了。但是，猫咪若是习惯胡乱拆卸，四处捣乱，那你最好还是看住他吧。假如玩具有线绳和可拆卸的零件，不管是哪种猫咪，主人都要多加留意。对了，还要检查喵星人周围的植物，一定要确保它们无毒无害。如果去室外玩耍，要让他们在安全的范围内活动，或者拴住他们。

喵星人监护小贴士

自娱自乐

大闹浴缸

  喵星人扑向玩具的时候，玩具若是能滚动起来，那最能讨他们的欢心了。但是，玩具会滚到家具下面，猫咪臂长不及，只能干着急。这可怎么办呢？别担心，我有办法：在浴缸干燥的时候，放一些小球、弹珠、小铃铛或是亮闪闪的物件，这些物件在浴缸里可不会和你的猫咪"躲猫猫"了，这样，猫咪就能恣意疯狂啦。对了，若是不想被这些东西撞击浴缸的声音吵醒，别忘了晚上睡前把它们移出浴缸哦，或者改用海绵球——安静又舒心。

这只条纹猫咪蜷进柔软的小被子中，享受慵懒的午后，看起来惬意得很呢。喵星人对舒适的小窝和绵软的玩具可是一点抵抗力都没有。

社会交往

　　与合得来的人单独相处，简直是一大美事，再无其他能比这事儿更让喵星人满足。当然了，合得来合不来，那还得看猫咪自己。有的喵星人极其热衷于在鸟儿身后穷追不舍，那他完全可以算是社交小能手了（虽然鸟儿可不想和这不安分的家伙交往）。然而，家里对喵星人来说才是最安全的地方。攒出些时间，好好陪陪他吧，你的陪伴才是使他安心充实的万应灵药。喵星人若是热衷于在人类世界和宠物界发展自己的朋友圈，那生活肯定会更丰富多彩。下列的社交活动，都能为喵星人的生活增添乐趣哦。

共度好时光

就算喵星人终日懒洋洋的，要给他们享受泡泡浴简直难如登天，但是，这泡泡若是薄荷香的，那可就是另一码事了。这闪着七彩炫光的肥皂泡泡仿若天外之物，让猫咪欲罢不能。还有，投物立取、"激光追及"这些玩法，都是与猫同乐的绝佳选择。

追泡泡：喵星人、汪星人同孩子们一样，深深着迷于美丽的泡泡。所以主人可以吹些薄荷香气的泡泡供喵星人玩乐。最好买一些宠物专用泡泡，这类泡泡不像普通的肥皂泡那么易破，就算着地也还能再坚持一段时间，这样，猫咪玩起来才能更加尽兴。

投物立取：信不信由你，经过训练，喵星人能叼取易拾起的小绒球这类轻巧物件。在更多时候，其实是猫咪主动叼来些东西，让你来丢给他。但喵星人总是三分钟热度，玩一阵他就百无聊赖，自顾寻乐了，通常是脑袋一歪，蒙头大睡。要训练他掌握这项技能，可以这样做：首先，把小球投出去；然后，叫他的名字，用零食引诱他把小球捡回。最后，把零食当作奖励。如此几次下来，猫咪自然就领会你的用意了。此时，你只需要投球的时候示意他捡回来即可。渐渐情况就变成：你一投，他就追。当然，他也有不搭理你的时候啦。

我躲你找：主人可以藏在家中的某处，叫猫咪的名字让他来找你。但是，第一次玩捉迷藏的时候，可别躲得太远了，免得他找不到你。喵星人一旦找到了你，你可要赏些零食或者轻轻爱抚

这只猫咪看起来很有耐心，他肯定是在蓄力，等到最完美的泡泡出现，就奋力扑去。与喵星人玩泡泡游戏，绝对是一项不容错过的活动。

他一下啊。这样，捉迷藏肯定会成为一项喵星人为之疯狂的游戏。随着猫咪越来越熟悉规则，主人藏得远点也不是问题啦。可别忘了，猫咪可是天生的追踪狂，他不畏任何挑战。

"激光追及"：拜托！你还在用线团来逗自家的喵星人吗？还不速速丢掉，换成激光玩具。想想会议上发言者手里拿着什么指示演示文稿的？对对对！就是那种激光笔。长长的射线在墙面地板上汇聚成一个小红点，这简直是猫咪最完美的玩物。现在还有玩具能让喵星人自己移动射线，主人只需给玩具定个时，猫咪即能自得其乐（虽说这么做已经不算社交活动了）。注意哦，做这项游戏的时候，每隔10分钟，就要给猫咪些零食或者玩具，不然，他可是会耍性子的。没办法啊，这激光是看得见，摸不着的，让他看着干着急，所以最后要给他尝点甜头嘛。

牵绳遛喵：喵星人与汪星人有一点不同，他可不像汪星人一样自尊心那么脆弱，套上猫绳散步对大多数喵星人来说并不算可耻。这只是为了不让他四处捣乱才拴的，根本伤害不到他的自尊。但是，因为猫咪早已适应了自己的地盘，出门散步可能会吓到他，仅仅是带他去院子的另一端都可能会让他不寒而栗，就因为那里有其他陌生猫咪留下的味道。既然到了别人家的地盘，那还安全吗？两只猫会不会打起来？唉，所以，好多猫咪都不愿意被牵着四处逛荡。但是，有些喵星人偏偏乐意在室外呼吸新鲜空气，尤其是在有人监护的情况下。因此，猫咪还小的时候，主人就得

喵星人训练小贴士

现如今，训练喵星人早已不足为奇。但是要注意，并非所有的喵星人都愿意任人摆弄。若是你的猫咪足够乖巧的话，那么恭喜你中奖了，可以开始训练了！训练过程中，你和猫咪都会度过珍贵的时光，把日子过得有滋有味。记得，每次训练的时间不宜过长，10到15分钟足矣，这一过程要弄得有声有色，这样他才能积极配合。对有的猫咪来说，用发声器和零食来训练他，效果更不错。通过训练，喵星人能学会特定的动作，如握手、打滚、坐立甚至跳圈！别傻乐，我可没骗你。

开始训练他乖乖拴着猫绳走路了，这是你们能否享受室外散步的关键所在哦。

牵绳遛猫小贴士：

遛猫的时候，一定要确保背带服帖系紧，免得喵星人受惊的时候挣脱开来。

猫咪要时刻戴好项圈，附上标牌，注明其身份信息、家庭住址以及主人的联系方式。

在猫咪皮下植入微型芯片存入身份信息，以防他走失或丢失标牌。

借用一些保护措施让猫咪免受蚊虫侵扰。

挥斥方道：在长杆的一端系上小玩意儿。啊哈！你可以拿着它对自家的猫咪挥斥方遒了。宠物店里，此类玩具已数不胜数。若是想省些银子，你同样可以发挥创意，自己动手。树枝、标尺之类都能成为材料，在这些长杆的一端用鱼线、麻绳系上纸壳、清管器或者羽毛。妙啊，轻而易举就制作出如此物美价廉的宝贝，既能挑起喵星人的捕猎欲望，又能顺带帮他减肥，完美！

家中萌伴

要讨喵星人的欢心，还有个妙招呢：给他找一个玩伴或者伴侣吧。

猫咪，天生就习惯泡在自己的领地中独来独往，一般都不会喜欢有同类闯入自己的生活。但是，陪伴他的若是其他宠物，那就是另一码事了。对了，如果几只猫咪从小一起长大，或是主人能费些心思维护他们的关系，那么，和和美美地一起生活也不是没有可能哦。

汪星来客：说起猫咪，好多都是汪星人的粉丝呢。虽然他们之间偶尔会有些不愉快，但总体来说，狗狗绝对是猫咪最好的玩伴。要注意的是，给喵星人挑选小伙伴之前，一定要参透他究竟愿不愿意与狗为邻。他是二话不说，还是坚决反对？还要充分考虑到：他之前有与狗狗相处的经验吗？他会不会害怕这汪星来客？新成员会不会恐吓他，或者搞出什么其他名堂？做主人的，千万要摸透猫咪和狗狗的性子，再做出决定啊。当然了，他们若是还没长大，那通常是不会出问题的。直接把他们凑成青梅竹马，那也是美事一桩啊。

　　喵喵相惜：许多猫咪其实还是有本事与同类融洽相处的，所以，添一个猫咪室友也可以顺他们的意。常有新闻报道说，一个人养了200多只猫，这可真是让人摸不着头脑。就算有条件供着这些主子，我也不推荐你这样做。不过，供上2到4只猫咪还是不成问题的。

　　想让喵星人之间的情谊像塑料姐妹花们一样吗？那就让他们从幼时起就开始熟悉彼此吧。待到猫咪长大了才这么做，那他必定会不自在的，毕竟主子当惯了。

　　但如果家里足够大的话，主人可以遵从长幼次序，让喵星人觉得自己才是老大。如此一来，几只猫咪还是可以和谐相处的。但不得不提醒你一下，这事处理起来可是个大麻烦。你得多用点心，保证充分的食物供给和娱乐活动。文后的框框中是一些建议，主人可以参考一下。

　　与鱼为乐：尽管喵星人对其他小动物的兴趣

无穷无尽，我还是不建议主人仅仅为了满足他，就搞些小鼠小鸟回家来。因为这么做你一定会后悔的，猫咪会把家搞得像遭了贼一样混乱。与之相比，小鱼对喵星人同样具有吸引力，实乃更好的选择。最重要的是，在遮好鱼缸的情况下，双方能互不伤害，相安无事。小鱼在鱼缸中自由游动，猫咪在旁边悉心观察，耐心追踪，简直乐趣无穷。你别和我说：当猫奴已经够辛苦了，我懒得再养鱼了！唉，真是服了你了。那就在鱼缸里放些假的植物吧，它们摇曳的身姿，水中氤氲的泡泡，也能让猫咪深深入迷。

新成员进家门之后，先要把他关在房间里。给每只猫咪一个对方用过的毯子，让他们好好熟悉一下彼此的味道。接着，让他们在门缝下互相嗅嗅，如此数日，再敞开房门，让双方亲密交流一会儿。别忘了在此过程中，奖励猫咪们一些零食，这样，双方才能积极地接纳彼此。不久，他们就会变得形影不离，如胶似漆。

结识新喵小贴士

这俩喵星人和汪星人看起来和谐吧，这就是猫狗同乐的有力证明！不过，引入新成员之前，还是要确定一下自家的猫咪对汪星人是否亲和友善哦。

独爱薄荷

　　"哇哦，是猫薄荷！叫我如何不爱它。愚蠢的人类永远都不会明白这宝贝的魅力。"猫薄荷，让猫咪如痴如醉，口水直流，简直是逗猫神器啊！其实秘密就在于，这神奇的植物里含有的一种化学物质，能促使喵星人头脑活跃。之后几分钟，猫咪就能恢复常态，在接下来的 30 分钟到几个小时期间，猫薄荷还会重新起效，让猫咪再次如痴如狂。大多数喵星人对猫薄荷都十分敏感。但是这玩意对于部分猫咪或者不满半岁的小奶猫可就不灵了。在与猫咪共度好时光时，猫薄荷绝对是吸引猫咪的秘密武器，它既不成瘾，也无副作用，最多会让猫咪变得迷迷糊糊，乱摔一些你的心爱之物，仅此而已。

新奇环境

要为猫咪创造一个新奇的环境，那选择可是各式各样，不计其数。比方说：舒适惬意的小窝、内容丰富的碟片、引喵入胜的迷宫、俯瞰众生的高地、生气勃勃的花草、令喵陶醉的香气等，都会让猫咪兴奋得呼呼直喘，忘乎所以。当然了，一个只属于他的小天地能召唤他的天性，激发他的本能，这也算是一种极好的环境。要做到这点，说简单也简单：给一个柳条筐他就能在里面耗上一整天；说麻烦也麻烦：建一个喵属花园他才可以嗅足万物之味。

与"篮"为伴：除了豆浆油条，应该没有其他搭配能比喵星人和篮子更和谐了吧。所幸，不管何种猫篮都十分透气，主人完全可以挑选一些价格实惠的猫篮子布置在家里，猫咪自己就会去篮子里打盹玩乐的。在这里，我强烈推荐柳条筐和塑料洗衣篮，尤其是那些里面还放有干净衣服的。主人可以教猫咪叠内衣，若是他学成，那么恭喜你中奖了。不过，毕竟被猫咪一顿折腾之后，这些衣服算是白洗了。最好还是找一些废旧衣物放入篮子中。

入"箱"为王：小朋友们在纸壳箱里玩得不亦乐乎的时候，不管你给他们什么其他好玩的，他们都不会理会。这对喵星人同样适用。所以，主人最好在房间里准备几个箱子或纸袋（当然不是只有打包袋那么小），猫咪在里面就能纵情好几个小时，也能美美地睡上几觉。

　　一定要检查好，袋子上是不能有拎手的，免得卡住猫咪，这会让他不知所措。有的主人超过分，竟然还把这种情形拍下来放在网上来博网友一笑，有没有想过你的猫咪会很受伤？所以再次强调，千万不要给他带拎手的袋子哦，尤其是塑料口袋。

　　"窝"居主义：躲在藏身之处能让喵星人安全感爆棚。猫咪公寓是一种树状小窝，通常都裹有绒毯，兼有藏身所和磨爪器的功能，宠物店和网上都有卖的。主人养的猫咪越多，猫咪公寓就应越大越精细。

这位确实是人很害羞，正考察自己的新"据点"。小帐篷、软管道都能成为他完美的藏身之所呀。

在任意一家玩具商店里，主人都可以买到给孩子们玩的小帐篷和软管道。这些同样是喵星人所爱之物。把它们带回家组装起来，再添一些纸壳箱，一个迷宫就这样拔地而起。

视频激情：市面上有专门给喵星人看的DVD光盘和录像带。这些视频里全是猫咪最钟情的内容：小鸟、小猫、小鼠、小鱼，还有肥皂泡泡。在主人离家之前，可以挑出一张碟供猫咪观赏，这样，就算留守家中，他也不会感到无聊了。

迷宫探险：在任意一家玩具商店里，主人都可以买到给孩子们玩的小帐篷和软管道。这些同样是喵星人所爱之物。把它们带回家组装起来，再添一些纸壳箱，一个迷宫就这样拔地而起，这里简直就是喵星人的天堂，令他流连忘返。若你的猫咪害羞内敛，乐于躲藏，那他肯定更加乐在其中了。

亲近自然：喵星人这种身在家中心在外的家伙，常常透过窗户望眼欲穿，生怕自己错过什么热闹。这个时候，主人可以让他浅尝一下室外的乐趣，当然，是在安全的前提下。安全范围的概念说简单也简单：单单设置一个巨型的笼子通过窗户连接房间与室外即可；但要想弄得精细一点，主人可就得多费点心了：在院子中建造一系列网织通道，供猫咪了解外面的精彩世界。

俯瞰万物（或窗边暖卧）：喂，你可是猫奴啊，家中的窗边怎么可以没有为主子准备的卧板呢？要是窗台小得不足以让猫咪安全惬意地睡上一觉的话，那你肯定更需要卧板了。这宝贝柔软舒适，还能扩大窗台的活动范围，是猫咪打发慵懒下午的绝佳地点。还想再搞点花样？那就淘一个自加热卧板吧，这样，就算午后寒意逼人，喵咪也能感到暖融融的。

花草诱惑：喵星人对于花花草草，简直爱不释手，喜欢到会把它们弄得乱七八糟的。所以，种植花草的时候还是要考虑到猫咪的破坏力哦。有一些生命力强的植物，喵星人还是很中意的，他会用

猫薄荷并非喵星人专宠的味道。主人可以去商品齐全的宠物店挑选一些药草香或花香喷剂，来试试猫咪的反应。最开始的时候，最好用甘菊、缬草或大麦香型：把香氛喷入纸袋里，看看猫咪是否喜欢。味道若是中他的意，他一定会叼着袋子满房间转悠，说不定还会到处流口水。对了，挑选香氛的时候请直接避开柑橘香，喵星人对它天生无感。

香 氛 魅 力

这位喵星人趴在窗边卧板上，看起来
很惬意，他可以把窗外美景尽收眼底。

嘴尝尝、用爪刨刨，反正就是闲不住。至于种植用的土壤，主人要避免使用杀虫剂、杀菌剂和其他化学品。大麦、香菜、薄荷、莳萝、紫锥花、小米、燕麦、缬草、小麦草这些植物，都会让喵星人见到就走不动路的。

（注意：某些植物对喵星人可是有毒有害的哦，一定要保护好你的猫咪，能躲多远就躲多远。要获取具体有毒植物清单，请查询美国防止虐待动物协会网站 www.aspca.org。）

摩擦步伐：有的喵星人简直是为磨爪而生，终日摩擦，似"魔鬼的步伐"。还有的虽说没那么专业，但时不时地也会磨起小爪子来。这个时候，主人可要准备好质地各异的磨爪器，硬纸壳、剑麻毯都是不错的选择。

喵星人杂耍小贴士

　　马术比赛中，马儿经常跃身翻过许多围栏。汪星人也通过训练进行类似的运动。经过改进，一些路障，如长杆、A 型架、隧道等都被用来训练狗狗，汪星人在训练中必须尽快尽可能地完成任务。但是汪星人真的乐在其中吗？这可不见得！猫奴们则改进了这项运动，只需要一位热情好动的猫主人和一位积极耐心的猫奴，这场游戏就能让主子和猫奴都玩得不亦乐乎。

充实带来幸福

　　为喵星人的生活增添乐趣，他就会生活得无忧无虑。但不要玩过火了哦，因为喵星人更喜欢的还是规律安稳的生活。和人不一样，出国旅行也许能令你能感到新鲜，但对于喵星人，一种新鲜的美味、一个新奇的玩具、一个舒适的小窝就足以让他满足感爆棚。建议主人从上述的三大类方法中各选出三种列入喵星人的日常生活中，不仅能使得猫咪心情开朗、身姿健美，还能令他体魄强壮，健康长寿。时刻记着，充实带来幸福，幸福带来健康，拥有这样的猫咪，你的生活自然也精彩。

来自中国的喵星人游戏番外

阅读完前面章节还意犹未尽的读者可能会想，还有哪些可以与猫咪一起玩的小游戏呢？这些游戏中国的猫咪们也爱玩吗？或者，中国的猫奴们又有哪些与猫咪玩耍的小故事可以分享呢？

为了使本书更贴近国内读者，我们特别举行了与猫互动的游戏征集活动，希望国内的众多猫咪饲养员能集思广益，既晒出萌猫的美图，又能提供他们与猫咪互动小经验。

这一章精选了本次活动的投稿。有来自中国的猫咪美图，以及喵星人与爱他们的饲养员之间的温馨故事。希望这些能给国内猫咪爱好者更多的启发，让大家在与自家猫咪玩耍时有更多灵感和更多快乐，还能和爱猫一起释放压力，享受生活。

五小只的幸福猫生

猫　咪：大殿下、九千岁、纳兰、娘子雪、大目
饲养员：南陌公主

九千岁

大殿下

我是饲养员南陌公主，我家里有五只性格迥异、颜值逆天的猫咪。

老大叫大殿下，是个13斤的"长毛怪"。因为它鼻子巨大，我总喜欢叫他"成龙大哥"。

老二名叫九千岁，是一只英短折耳玄猫。他的表情早晚反差很大，白天阴冷内敛，晚上则萌死众神。

纳兰

　　老三是纳兰，她是一只中华田园三花鸳鸯眼的母猫，看这头衔是不是很霸气，当然了，性格也是最霸气的，一言不合就出拳，打遍天下无敌手，真是应了那句"犯我者虽远必诛"。

老四是个稀有品种，说出来一百人里可能都没有一人知道，她的眼眸蓝如湖水，雪白的身上由浅至深分布着浅棕色的笔墨，像一幅晕染的山水画，意境"无猫企及"。性格"小猫依人"，遂赐名娘子雪。

老五是这几只猫里最小的一只，一般家里的老疙瘩也必是最受宠的一个，她也真是争气，作息时间与人相同。晚上熄灯睡觉，她便钻进被子头卧枕上与你同眠，一夜未有猫之习性，不吃不喝不拉不撒。早上天亮，你若不起，她便陪睡。再去猫室里看看其他活宝，盆子里屎尿坨坨，地板上玩具四散，好吧，老五，你便留下来侍寝吧。忘记介绍老五的名字了，因她长了一双超级无敌大电眼，直截了当，就叫大目吧。大目果然不负众望，在众猫之中也算是武艺精

娘子雪

大目

大目

湛。最厉害的强身健体之法便是爬，爬，
爬。刚到家中时，她曾顺着我的脚爬上
了肩膀。自此以后悲剧不断，我便是那可
怜之人，旧伤未愈新伤又起。不过，身为
聪明的铲屎官，我怎可以任尔等妄为。
于是，家里的柱子被通通缠上麻绳。爬
吧，小样儿，看不累得你哭爹喊娘。

久而久之，大目爬杆的举动引起了四姐娘子雪的注意，这小不点儿居然会上树，这还了得，不早早学会此技，岂不枉为人猫。短短数日，娘子雪也熟练掌握了爬杆技能，而三姐纳兰因为身体过于臃肿，只有在下面眼巴巴地看着这俩猫狂炫神技。此时的大哥、二哥总是路人甲乙，它们肯定在心中暗想：看树上有俩傻子。

其实，我家猫成员里原有一老六，每日吃喝和各种睡。一敲饭碗他就狂奔而来，名唤滚滚六王爷，无奈猫生有时尽，此情绵绵无绝期，喵喵喵。

我为家中这几个宝贝开了个微博，每日都有酷酷的视频和美美的照片更新，请多多关注我的微博 @ 南陌公主，更多精彩不容错过哦。

娘子雪

六王爷

六王爷

来自中国的喵星人游戏番外　**71**

爱吃肉的"小疯子"煤煤

猫　咪：煤煤
饲养员：潇潇

大家好，我是饲养员潇潇。我家猫主子闺名煤煤（其实想叫招财），一岁多了，是个不精致的猪猪女孩儿，疯起来连自己都咬！

煤煤平时的爱好就是吃吃吃、疯疯疯。她特别喜欢吃肉，闻到点肉味就疯了！所以，她十分挑食，吃了好吃的肉肉以后就不吃猫粮了，而且还妄图把猫粮埋起来，就是用爪子像埋猫便便一般对着自己的碗一顿狂埋……

除此之外，她还喜欢登高望远，所以我给她买了一个能吸在玻璃上的躺椅，然后她每天就像大佬一样躺在躺椅上面晒晒太阳、看看窗外的风景，猫生十分惬意。

每天晚上9点到10点左右是她最精神的时候，通常她都会在家里疯狂地跑来跑去，还会突然冲过来抓住我的脚啃一口，然后马上跑掉。没人跟她玩的时候，她喜欢追着她的球球玩。

还有，和许多猫咪一样，家里只要有纸箱，无论大小，她都想钻进去。最近有个大小对她体型来说刚好合适的方纸箱，于是这段时间的晚上，煤煤大佬都会都在她的这个专属小纸箱里睡觉。另外，她还喜欢啃纸箱，隔几天家里就满地的纸箱碎屑……作为饲养员，我也很无奈唉！

虽然煤煤会做出一些让我感到无奈又好笑的事情，但是有这个小东西陪伴真的太好啦。在她两个月大时，我将她领养回来。那时她就小小的一只，和我的脚丫子一般大，现在她都快9斤重了，想想有她陪伴在身边的日子已经过去这么久了，真是感慨万千。最后，本猫奴的愿望就是希望她能一直这样健康长大吧！

有兔姐姐作伴的幸福小猫咪

猫　咪: 小小灰
饲养员: 露西 (高铭)

　　2017 年 8 月 8 日那天, 家门口商场有猫猫狗狗的宠物展会, 我左看右看转了好几圈一直在纠结要不要买, 因为家里已经有一只兔宝宝了。最终我停留在小小灰笼子前问了卖家一大堆养猫的问题, 然后把小小灰带回了家, 从此作为一个猫奴一发不可收拾。

　　回到家后的小小灰也非常乖巧懂事, 每天晚上都会踩在我身上要亲亲才肯去睡觉, 早上还要在踩在我身上用吻来唤我起床, 不然就是抱着我这个铲屎官的脸继续睡觉。

说起小小灰最爱的玩具，那就是我养的丢丢（一只一岁半的道奇狮子兔）了。小小灰对买来的玩具都只有三分钟的热度，而只有碰见丢丢他就会立刻狂奔而去，时而和丢丢打闹，时而钻进丢丢的笼子里抱着这个兔姐姐一顿狂亲。他似乎只有对行动轨迹不规则的物体才会感兴趣。

除了丢丢，我们小小灰最爱的玩具可能就是铃铛球啦。每当小小灰跑出去我怎么喊都喊不回来时，我只要拿出他最爱的铃铛球，他就立刻狂奔过来玩了起来，而铃铛球也成了我在小小灰玩耍时的健身工具，我得在床下、桌子下、柜子下边跟着他捡球，没办法，谁让他是我最宠爱的喵儿子呢？

自从养了丢丢和小小灰这一儿一女，我这个当妈的也感觉无比幸福。小小灰萌萌的小短

腿和各种可爱的表情让我收获了很多小小灰的粉丝，也让我组建了一个爱猫微信群。在此群里，我们众多铲屎官一起分享养猫经验和其中或欢喜或悲伤的故事，以及一个个猫咪宝贝给我们带来的小惊喜。

如果你也喜欢小小灰，如果你家也有可爱的小猫咪，如果你想"云吸猫"，如果你也和我们一样爱猫猫，快联系喵妈露西小姐姐跟我们一起交流吧！说起来，我家暖心的小小灰还缺个漂亮可爱的女朋友哦！也可关注我的微博看小小灰动态哦！饲养员的微信：lucy01260520；微博：凝恋_铭。

时刻都帅气的 Boy

猫　咪：Boy
饲养员：左左和小白

Boy 和我们一起生活了九个多月了，他是金牛座的猫，前段时间刚满 1 岁。刚来我们家的时候，他生了一场大病，我在家照顾了他一个月。他小时候瘦瘦的，看着可怜兮兮的样子，不过他是一只不挑食的乖猫咪，每餐都乖乖吃，没想过现在长到了 12 斤，哈哈。

Boy 有很多可爱的举动。每天早上我的闹钟一响，人还没清醒，他就准时跳上床来找我。如果早上下大暴雨，我没听到闹钟响，那他可能等了半小时觉得不对劲，就跑来用胡须扫醒我，他的隐含台词肯定是："该投食啦。"当我切菜时，他就会在我的脚边蹭来蹭去，瞳孔放大、楚楚可怜地看着我，"喵喵"叫，好像在说着："看我这么可爱，快切点给我吃啦！"

我和 Boy 之间常常玩"猫和老鼠"的游戏。这源于我在他小时候给他看过《猫和老鼠》的动画片。这导致我每次睡觉时，他就会来袭击我的脚。即使我把脚放在被窝里，他也能够准确地袭击。现在，只要看到他非常认真地看着我脚的方向，背微微拱起的样子，我就知道大事不妙，赶紧缩进被窝里，但有时候还是难以躲过他敏捷的猫爪子。现在我常常躲在被窝里，用脚假装成一只逃亡的老鼠，和 Boy 来一场"猫和老鼠"的游戏，Boy 也乐此不疲。这样一个小游戏就可以让我俩都开心半天。

这就是我和我家猫咪 Boy 的故事，简单而温馨。想要"云吸猫"的小伙伴们欢迎关注微博 @Imzzuo 来看我家可爱帅气的 Boy 吧！

喵星球上的虎虎，
爸爸想你了

猫　咪：虎　虎
饲养员：王拴印

　　照片中这只白猫是我家的虎虎，他是 2005 年夏天婶子从山西太原街边摊上花 40 块钱买来的，后来他随婶子工作调动去了天津，2011 年元旦又来了北京。因为婶子住单位周转房，不便饲养宠物，虎虎就寄养在我家，不想这一住就从"流动猫口"变成了永久居民。直到今年 2 月 27 日，他在家里突发心脏衰竭去世，他整整陪伴了我们 7 年又 2 个月。

　　虎虎来自山西，有着黄土地般憨厚、质朴的性格。他能吃能睡，最重时曾达到 14.7 斤。他浑身的毛发干净、细腻，摸起来像初生羔羊一样柔软。

作为铲屎官，我很担心他肥胖过度，不仅注意搭配他的膳食，还买了鸡毛毽子给他玩。虎虎看到毽子很兴奋，一口咬住就能甩上天花板，真的是身大力不亏。每天下班到家见他玩得开心，我也很高兴，心想要是能（一屋两人三猫四季）一直这样下去该多好！但该来的还是来了，过完年我去上班，刚到单位就接到家人的电话说虎虎不行了。我着急地奔去医院看他，只见虎虎已经被送进了氧气仓抢救。他住院两天已花费

数万，但最后还是无力回天，虎虎永远地离开了，只把无尽的眼泪和思念留给了我。

家人怕我难过便把虎虎的毽子收了起来，但夜深人静写这篇小文时，虎虎玩毽子的场景就像电影胶片一样在我脑海中闪过，眼泪还是没出息地掉了下来。3年前，我养的另一只猫宝丁丁先回了喵星球，希望现在虎虎在那边有宝丁丁姐姐的照顾，姐弟俩好好的，这样爸爸就放心了。

绅士的小可爱 LUCAS

猫　咪：Lucas
饲养员：小臧

    我是饲养员小臧，我家猫咪名叫 Lucas，是个刚满 2 岁的小绅士。

    Lucas 是个有点金毛犬属性的猫咪，十分乖巧温柔。他平时像小狗一样，喜欢守在家门口。他也很爱干净，每天清醒的时候，他绝大多数时间都在舔毛。除了舔自己的毛，他还会来舔我。

　　在玩耍方面，我也买过很多玩具，有带羽毛、链子的小玩具，他长到半岁时，我跟他玩他就懂得控制自己的咬合力量了。如果我觉得疼，只要叫他的名字他就会松口，是个很懂事且会与人互动的猫咪。他还很喜欢和前来我家的小猫咪玩，他会给小猫舔毛，而且在玩闹的时候也表现得很绅士，从来不用力咬，只会轻轻地含着小猫。

　　自从养了Lucas之后，我也收获了很多幸福。早上起床时，Lucas喜欢用脸蹭我，如果我还不醒的话，他就会趴在我身上。冬天冷的时候，他喜欢窝在我怀里，小脑袋枕在我胳膊上慢慢睡着。平时，Lucas喜欢望着窗外，大多数时候他看着看着就睡着了。只要我要出门，连出门倒个垃圾他都会过来撒娇求抱抱，真是一个黏人的小可爱。我希望Lucas能一直幸福健康地长大，一直陪伴在我身边。

"四大天王"各显神通

猫　咪：喜乐、黑格尔、呦呦、青青
饲养员：喜乐爸

　　我是喜乐爸，我养了四只猫：老大孟加拉猫叫喜乐，老二黑猫名为黑格尔，老三是阿比西尼亚猫叫呦呦，老幺是美国短毛猫叫青青。作为一名持证上岗的宠物训练师、猫行为咨询师，我会根据家里每个小家伙的状况来定制游戏。

　　老大喜乐比较好动，她精力旺盛也很执着，除了需要经常外出遛她以外，在家我们会给她做大量的训练，包括体能训练、敏捷度训练，还有技能训练，比如握手、击掌、装死、唤回等。其中，比较特别的训练就是本页右侧喜乐这幅图里展示的正在学的滑板训练了。

　　老二黑格尔是只小流浪猫，他非常胆小怕人，所以日常做的游戏都是为了帮助他和人互动亲近的，例如本页右侧黑格尔这幅图里的训练其实是来自于训练狗狗互动的游戏。

　　当然呦呦和青青也都会玩击掌、按铃这些小游戏，不过鉴于她俩关系一直不是太好，所以像在上页的图里那样，

黑格尔

喜乐

我会让她俩一起来做训练。

　　总而言之，我觉得所有的游戏、训练都是为了让猫咪和我们一起的生活得更和谐、更快乐。

　　现在我们四个小家伙都在福州"喜乐家"猫咖啡，欢迎大家有空来玩哦！

　　如果喜欢这些小家伙的话，还可以关注我们的公众号：喜乐家哦（hippycathouse）或者微博：喜乐家哦。

小枣儿和闺蜜的幸福假期

猫　咪：小枣儿、小咪
饲养员：张丽娜

我是饲养员张丽娜，我家猫咪名叫小枣儿。

小咪是我同事养的猫咪，过年期间放在我家跟小枣儿、大锤同吃同睡。小咪刚来的第一天，猫咪们互相不熟悉，就开始低吼威胁。所谓不打不相识，到第二天时他们就已经成为亲密好伙伴了。这里放上小咪打哈欠图，还有小枣儿和小咪的合影图。

小枣儿（左）和小咪（右）

能上天入地的两只猫前辈

猫　咪：松鼠、柚子
饲养员：金毛骨头和猫姐姐

我是饲养员金毛骨头和猫姐姐，我们是两猫一狗的毛孩子家庭。

老大是只三花猫叫松鼠，老二则是一只橘白猫叫柚子，她俩都已经 13 岁啦！在松鼠、柚子 11 岁的时候，家里来了一只收养的 10 个月金毛犬，取名叫骨头。

松鼠

为了让猫狗能够和谐共处于一室，也为了能增加猫咪在家玩耍的乐趣，我给猫咪们做了猫走道。这样她俩可以有更多纵深空间释放跳跃的天性，也可以在有狗的情况下拥有安全感。别看她俩都是老猫了，但上天入地完全没问题哦！

另外，纸箱也是猫咪很喜欢的玩具，只需利用一个快递纸盒，然后略加装饰，就可以成为猫咪们便宜又好玩的空间了，你不妨也来试试吧！

柚子

如果你喜欢我们，欢迎关注我们的微博 @金毛骨头和猫姐姐，看看我们的日常趣事！

名叫 Dollar 的黑酷 girl

猫　咪：Dollar
饲养员：猫教主（刘鑫蕊）

我是饲养员猫教主，我的猫咪名叫 Dollar，小名美元、乐乐，饲养时间 3 年半。

我家猫主子性格活泼好动，喜欢在家里奔跑，一言不合就玩跑酷。她并不喜欢说话，属于惜字如金类型，但非常黏人，喜欢趴在家人身上或腿上，也喜欢家人和她一起玩，但她对玩具都只有 3 分钟热度。

我曾经买过鱼抱枕、老鼠玩具给她玩儿，但她都只玩几分钟就扔在一边了。比较成功的一个玩具是我专门为她自制的玩具。做法简单，现将做法描述如下，供各位猫友参考。

首先找一个纸袋，在纸袋底部挖一个刚好能让猫咪通过的洞。再找一根合适长度的线（什么材质都行），一端缠好一个纸团（布团其实也可以），另一端就拿在手里，再配一个铲屎官陪着她玩就好了。猫咪本来就喜欢钻袋子，可以在纸袋里面很好地隐蔽，再用线缠纸团在另一侧引诱她，猫咪就会围着纸袋、钻进纸袋，然后去抓纸团玩了。

如此简单、方便制作的玩具相信大家都能马上做出来，快和家里的喵星人一起尝试一下吧！

感谢所有投稿者

猫　　咪：Boy
饲养员：左左和小白

猫　　咪：大目等
饲养员：南陌公主

猫　　咪：喜乐等
饲养员：喜乐爸

猫　　咪：小枣儿
饲养员：张丽娜

猫　　咪：小小灰
饲养员：露西

猫　　咪：警惕
饲养员：郑连娥

猫　咪：Dollar
饲养员：猫教主

猫　咪：柚子
饲养员：鲸鱼小姐

猫　咪：Lucas
饲养员：小臧

猫　咪：松鼠等
饲养员：金毛骨头和猫姐姐

猫　咪：煤煤
饲养员：潇潇

猫　咪：虎虎
饲养员：王拴印

猫　咪：露露
饲养员：小妮子 Abby

猫　咪：麦克白
饲养员：刀劈三观抱老师

新游戏挑战课程表

周一	周二	周三	周四	周五	周六	周日
食物躲猫猫游戏	废纸团玩具	猫咪分食器	鸡毛掸子	有声玩具	追泡泡	投物立取
每餐饭都把猫咪一餐的食物量分装在数个小容器中，然后把它们分布在房中的各个方位。	把废纸团成一团，丢给猫咪玩。	主人可把喵星人的日常餐量分置在几个分食器中。手头上可以多备几个分食器，以防在换洗时不够用。	买个鸡毛掸子给喵星人玩儿。	这类玩具，有的唱歌放音乐，有的模拟动物叫，还有的可以录音。另外，铃铛也是给喵星人玩儿的神器。	主人可以吹些薄荷香气的泡泡供喵星人玩乐。最好买些宠物专用泡泡，这类泡泡不像普通肥皂泡那么易破。	把小球丢出去，然后叫猫咪名字，用零食引诱他把小球捡回来，最后把零食当作奖励。

周一	周二	周三	周四	周五	周六	周日
寻找零食游戏	球形玩具	食物与玩具放一起	自制羊毛毡玩具	食物包好等猫来拆	我躲你找	大闹浴缸
和喵星人的正餐一样，主人也可以把零食藏在房间各处，让他自己寻找。	球类对喵星人来说简直是最好的猎物，球不停滚动，变幻莫测。猫咪专用球形玩具往往还发出让喵星人抵抗不了的动人声音。	把吃食装在玩具或者口袋中，让他们自食其力。	用滚烫的水来洗羊毛毛衣，然后烘干，如此反复几次后，把毛衣剪成小块，供猫咪玩乐。	用干净（没有染色）的纸巾把食物或猫薄荷包好，然后用麻线系上。吊着这包好吃的在他眼前晃悠。	主人藏在家中某处，叫喵星人名字让他来找你。	在浴缸干燥的时候，放一些小球、弹珠、小铃铛或是闪闪的物件。然后，猫咪就能恣意疯狂啦。

周一	周二	周三	周四	周五	周六	周日
毛绒玩具	自制羊毛毡玩具	入"箱"为王	悬挂玩具	猫粮散	激光追及	牵绳遛猫
塞进猫薄荷的毛绒玩具也有很多喵星人喜欢玩，有的被做成老鼠、小鱼干等喵星人喜欢的形状。	用滚烫的水来洗羊毛毛衣，然后烘干，如此反复几次，然后把猫薄荷或小铃铛缝入做好的羊毛毡里，一个新玩具诞生了。	主人最好在房间里准备几个箱子，扩大窗台的活动范围。	玩具通常弹性十足，或有移动的部件。把玩具挂在门把手上，让喵星人好奇地伸爪去抓。	在地板干净的情况下，试着把吃食撒在地板上吧，这样来调整他们的饮食，同时会让他们开心一下哦。	用激光笔陪喵星人玩耍吧，注意每隔10分钟给猫咪零食或玩具，不然他可能会耍性子哦。	猫咪小的时候，主人就可以开始训练他乖乖戴着猫绳走路了，这是能否享受室外散步的关键。

周一	周二	周三	周四	周五	周六	周日
与"篮"为伴	喵星人视频	迷宫探险	舒适小窝	空心管玩具	和别的小动物相处	挥斥方遒
主人可以挑选一些价格实惠的猫篮子布置在家里,猫咪自己就会去篮子里打盹玩乐。	购买给喵星人看的DVD,里面都是猫咪最钟情的内容:小鸟、小猫、小鼠等。主人不在家时可以给猫咪观赏。	买些小帐篷和软管道,再添些纸箱就可以组装成一个喵星人探险的迷宫啦。	喵星人常常把自己蜷成小肉球,用厚厚的环形垫枕来做他们的床非常合适。	找一些空心管,在里面放一些大的弹珠或猫薄荷,然后封住两端。一个简单实惠的玩具就此诞生。	家里养小鱼或周末邀请小狗或小猫来和自家喵星人一同玩耍吧!	在长杆的一端系上纸壳、羽毛等物,拿着它逗自家喵星人玩耍吧。

作者简介

尼基·穆斯塔基，自由作家、动物训练师，已出版有关宠物饲养与训练的图书 40 多部。她在佛罗里达州的迈阿密滩主持两档宠物节目，并在美国全国广播公司（NBC/MSN）主持线上节目《最红宠物餐》。此外，她还创办了主页：爱宠明信片计划（www.petpostcardproject.com），以提高人们对流浪小动物的保护意识，并为其募捐食物与善款。因为工作，尼基经常往返于纽约和迈阿密滩之间，但她还是养有两只雪纳瑞犬——佩珀和奥奇，一只泰迪幼犬玻尔和三只鹦鹉。想与尼基进一步接触，请登陆 www.nikkimoustaki.com。

参考资料

图书杂志

I-5 出版社（猫咪与猫咪饲养相关图书）：www.i5publishing.com

《喵星人王国》杂志：www.catchannel.com

猫咪关爱组织

世界爱猫协会：www.cfainc.org

全国猫科动物保护组织：www.saveacat.org

猫咪运动组织

猫咪运动大赛：http://agility.cfa.org

国际猫咪运动锦标赛：www.catagility.com